DEUTSCHE AKADEMIE DER WISSENSCHAFTEN ZU BERLIN

VORTRÄGE UND SCHRIFTEN

HEFT 40

Hermann Grapow

DIE BEGRÜNDUNG DER ORIENTALISCHEN KOMMISSION VON 1912

Aus der Geschichte der Akademie
in den letzten fünfzig Jahren

1950

AKADEMIE-VERLAG BERLIN

Erschienen im Akademie-Verlag GmbH., Berlin NW 7, Schiffbauerdamm 19
Lizenz Nr. 156 · 100/45/50
Gedruckt in der Buchdruckerei Oswald Schmidt GmbH., Leipzig M 118
Bestell- und Verlagsnummer 2003/40
Preis DM 2,25

DIE BEGRÜNDUNG DER ORIENTALISCHEN KOMMISSION VON 1912

Die Wissenschaft steht vor einem großen Ereignis ihrer Geschichte: am 11. Juli dieses Jahres wird die Deutsche Akademie der Wissenschaften zu Berlin ihre Zweihundertfünfzigjahrfeier begehen. Handelte es sich dabei bloß um die für eine Institution überhaupt und für eine Akademie der Wissenschaften im besonderen allerdings bemerkenswerte Erreichung von zweihundertfünfzig Jahren ununterbrochenen Bestehens – nur ein paar außerdeutsche Akademien sind noch früher begründet –, so würde kaum das Bedürfnis vorliegen, mit dieser Geburtstagsfeier über den engeren Kreis der Nächstbeteiligten hinaus vor die Öffentlichkeit zu treten. Denn auch ein sehr langes Leben ist an sich ja noch kein Verdienst. Wenn aber dieses lange Leben so arbeiterfüllt gewesen ist, sich durch die Kraft seiner Bestimmung und ihrer Träger aus bescheidenen Anfängen in ständig vermehrter und allseitig erweiterter Betätigung so erfolgreich und anregend entfaltet hat, wie in diesem Falle, dann ist allerdings Grund, seine zweihundertfünfzigjährige Dauer in festlicher Stunde besinnlich rückschauend und hoffnungsvoll vorwärtsblickend zu würdigen. Und die Deutsche Akademie der Wissenschaften zu Berlin darf dabei auf den Anteil aller rechnen, denen die Wissenschaft so oder so etwas bedeutet. Und ihrer sind viele in allen Ländern.

Unsere Akademie hat schon einmal vor fünfzig Jahren ein Jubiläum feiern können, das ihres zweihundertjährigen Bestehens im Jahre 1900. Dieses, unter der Beteiligung der ganzen wissenschaftlichen Welt, ohne Schuld der Akademie übertrieben prunkvoll begangene Fest hat ihr als dauernden Gewinn – von einer damals erlangten Bereicherung ihrer Wirkensmöglichkeiten wird noch zu berichten sein – die monumentale Geschichte ihrer ersten zweihundert Jahre von ihrem Mitglied Adolf Harnack gebracht. Die bevorstehende Zweihundertfünfzigjahrfeier ist von der Akademie nicht zum Anlaß genommen worden, diese ihre Geschichte zum wenigsten durch eine schlichte zusammenfassende Würdigung der letzten fünfzig Jahre in etwas zu ergänzen, wenn sie auch Sorge getragen hat, die Materialien für eine solche Darstellung von ihrem Mitarbeiter Dr. Amburger sammeln zu lassen, der sie in mustergültiger Weise aufzubereiten versteht.

Man darf diesen Verzicht bedauern, der außerhalb unseres Kreises schwerlich überall verstanden werden wird. Aber freilich ist zuzugeben, daß oberflächlich betrachtet, die Zeit zwischen dem Jubiläum von 1900 und dem beverstehenden nicht gerade als eine sehr glückliche und der wissenschaftlichen Arbeit günstige erscheinen muß. Nur die ersten vierzehn Jahre dieses Zeitraums fallen noch in die satte Friedenszeit, die 1871 begann und die allerdings, wie immer man sie auch sonst bewerten mag, eine außerordentliche Entfaltung der Wissenschaft, auch in unserer Akademie, ermöglicht hat. Im übrigen sind die letztvergangenen Jahrzehnte für die Akademie so stürmisch bewegte gewesen wie nie zuvor in ihrer langen Geschichte.

Dreimal wurde der Staat, als dessen höchste wissenschaftliche Institution sie begründet worden ist, tiefgreifend in Form und Bestand umgestaltet, und die Königlich-Preußische Akademie der Wissenschaften mußte ihre Bezeichnung erst in die schlichtere einer nur Preußischen Akademie ändern und dann in die anspruchsvolle und unter Umständen Mißdeutungen ausgesetzte einer Deutschen Akademie der Wissenschaften zu Berlin, ihren neuen Namen, der ihr erhöhte Würde verleihen sollte und ihr die Pflicht zu vermehrter Tätigkeit und Wirkung auferlegt, deren Erfüllung allerdings nicht von ihr allein abhängt.

Zweimal mußte die Akademie ihre eigene Verfassung nicht weniger tiefgreifend umformen in der Weise, daß aus einer wesentlich kollegialen Einrichtung mit einer grundsätzlich nur federführend, verwaltend und äußerlich leitend gedachten Spitze von vier Sekretaren, deren von vier zu vier Monaten wechselnder Vorsitz des Plenums jede Entwicklung zu autoritärer Führung prinzipiell ausschloß, eine Institution mit präsidialer Leitung wurde, in der die für das Ganze gefährliche Möglichkeit einer Beeinträchtigung der Rechte des Plenums als des Organs der Willensbildung der Akademie leichter gegeben ist. Als in den ersten Jahren des letzten Jahrzehnts ernstlich versucht wurde, diese Möglichkeit auszunutzen, ist es freilich gelungen, den Versuch gerade noch rechtzeitig zu entkräften und die drohenden Schädigungen nicht zum dauernden Schaden werden zu lassen, so daß die Akademie aus sehr gefährlicher Lage und aus einer schwierigen Zeit ungemindert an Ansehen hervorgehen konnte.

Zwei Weltkriege mußte die Akademie durchstehen und wurde unter den Folgen des ersten durch die Inflation nahezu ihres gesamten Vermögens beraubt und wurde durch den zweiten mit hineingerissen in einen fast hoffnungslos erscheinenden Niederbruch, gar nicht zu sprechen von den unersetzlichen Verlusten an besten Mitarbeitern in beiden Kriegen und von den sehr großen Verlusten an wertvollstem Arbeitsmaterial durch den zweiten.

Es kommt noch hinzu, daß die Akademie sich selbst nicht geringe Schwierigkeiten bereitet hat durch die sehr bedauerliche Gleichgültigkeit, mit der sie es beim Neubau des Hauses Unter den Linden seinerzeit hinnahm, auf ihrem eigenen Grund und Boden von der ehemaligen Königlichen Bibliothek in die Ecke gedrängt zu werden in viel zu wenige und obendrein teils unzulängliche, teils geradezu unwürdige Räume. Und sie hat sich weiter dadurch schweren Schaden für ihr Ansehen und für ihre Wirkensmöglichkeit zufügen lassen müssen, daß die Gründung der Kaiser-Wilhelm-Gesellschaft zur Förderung der Wissenschaften neben ihr und so gut wie völlig außerhalb ihres Einflußbereiches erfolgte.

Aber all dieses gibt in seiner Trübe, ja Düsterkeit doch nicht das Eigentliche des Bildes wieder, in dem wir rückschauend die vergangenen fünfzig Jahre erblicken, eines Bildes mit auch sehr hellen und leuchtenden Farben, die sich von dem dunklen Hintergrund nur um so kräftiger abheben. Denn aufs Ganze der wissenschaftlichen Leistung gesehen, sind diese Jahre so ertragreich gewesen wie nur möglich. Die Akademie, die das Jubiläum von 1900 mit einem Bestand an Mitgliedern beging, deren Namen um der per sönlichen und wissenschaftlichen Bedeutung ihrer Träger willen wir heute nur mit scheuer Ehrfurcht lesen können, hat seitdem fort und fort neue beste Kräfte als Mitglieder, sich ergänzend und vermehrend, zu gewinnen verstanden. Und sie hat es gerade in diesen Jahrzehnten mehr als jemals früher ebenso verstanden, unzählige Mitarbeiter zu gewinnen, die, zumeist für sehr bescheidene Entlohnung, oft auch freiwillig ohne jeden Entgelt, als dienende Glieder des Ganzen nicht weniger hingebend an der Arbeit waren wie die Mitglieder selbst. Was diese an Einzelforschungen in ihren Vorträgen und Mitteilungen leisteten, liegt in Tausenden von gedruckten Sitzungsberichten und Abhandlungen vor, mit deren Gehalt und Wirkung auf die jeweils behandelten Forschungsgebiete sich die Zeit vor 1900 nicht messen kann, mögen diese Arbeiten auch heute an sich keine der Erneuerung werte Bedeutung mehr haben und erfreulicherweise in demselben Maße überholt sein, in dem sie zu ihrer Zeit dazu beigetragen haben, die Forschung vorwärts zu treiben, ihr neue Gebiete zu eröffnen. Was die Mitglieder leitend oder, selbst als ihre ersten Mitarbeiter tätig, zusammen mit ihren Gehilfen leisteten, liegt vor in den langen Reihen der Bände der großen Unternehmungen, als deren Reifezeit diese Jahrzehnte angesehen werden müssen, in denen nicht wenige und dabei solche größten Ausmaßes und größter Bedeutung nahezu oder völlig zum Abschluß gebracht wurden, zahlreiche andere neue in Angriff genommen werden konnten. Dazu kommen noch die vielen Forschungsunternehmungen, welche die Akademie durch moralische oder finanzielle Unterstützungen gefördert hat. Und je mehr man sich in die Leistungen dieser fünf Jahrzehnte versenkt, sie zu würdigen sich bemüht und in ihren Auswirkungen überdenkt, um so mehr tritt der dunkle Hintergrund zurück, um so heller leuchtet auf, was die Akademie in diesen fünfzig Jahren für das bedeutet hat, für das sie da ist, für die Wissenschaft.

Wenn wir nun trotzdem zum kommenden Jubiläum keine Geschichte dieser Jahre als Ergänzung und Weiterführung des Harnackschen Werkes vorlegen, so darf das Jubiläum doch wohl Anlaß sein, wenigstens etwas aus dieser Geschichte mitzuteilen, das, wie ich annehmen möchte, den Lesern nicht ganz uninteressant sein wird. Denn die Gründung der Orientalischen Kommission von 1912, über die ich berichten will, war, wie sich zeigen wird, ein Ereignis von zentraler Bedeutung , über das gerade ich deshalb besonders gut Bescheid weiß, weil ich diese Gründung und ihre Vorgeschichte als Gehilfe ihres Urhebers, Adolf Ermans, miterlebt habe. Die Errichtung dieser Kommission ist in mehrfacher Hinsicht bemerkenswert, auch dadurch, daß der Anstoß zu ihr die Gründung der „Kaiser-Wilhelm-Gesellschaft zur Förderung der Wissenschaften“ gegeben hat, die doch in erster Linie den Naturwissenschaften zugute gekommen ist, nur in zweiter auch den Geisteswissenschaften.

Aus den seit 1913 alljährlich vorgelegten Berichten über die Tätigkeit der orientalischen Kommission geht das allerdings nicht hervor und auch nicht aus dem größeren zusammenfassenden Bericht ihres Vorsitzenden Eduard Meyer aus dem Jahre 1923, in dem es heißt (Sitz. Ber. 1923 XXVIII und XXIX, S. 1–2):

„Kaiser Wilhelm der Zweite hat uns vor dem Kriege in den Stand gesetzt, in regem Wetteifer mit den übrigen Kulturvölkern an der systematischen Erschließung der Ruinenstätten Assyriens und Babyloniens, Palästinas und Kleinasiens, Ägyptens und Abessiniens und Zentralasiens erfolgreich mitzuwirken.

Durch das so zusammengebrachte überreiche, ständig anwachsende Material von Denkmälern und Literaturwerken wurde die deutsche Wissenschaft vor Aufgaben gestellt, die sie mit ihren bisherigen Mitteln zu lösen außerstande war. Denn sollte das gewaltige Material nicht unnütz aufgehäuft liegen, sollte es der Forschung zugänglich gemacht und für die Wiederbelebung ferner Vergangenheit in erschöpfender Weise verwertet werden, so war eine systematische Durcharbeitung und Veröffentlichung geboten. Eine solche ließ sich aber nur dann erreichen, wenn die Ausführung nicht lediglich den durch ihre Berufspflichten bereits aufs stärkste in Anspruch genommenen Universitätsdozenten und Museumsbeamten sowie solchen Gelehrten überlassen blieb, die zeitweilig einmal diese oder jene Gruppe der Funde in Angriff nahmen, zu der sie ihr Fachinteresse führte, sondern nur dann, wenn es gelang, eine Anzahl jüngerer Gelehrter zu gewinnen, die sich dauernd dem ihnen zugewiesenen Gebiet widmen und sich unbehindert durch andere Aufgaben ganz in das gesamte Material hineinarbeiten konnten. . . .

Eine Besserung konnte nur eintreten, wenn es gelang, für sie Mittel zu schaffen, die für eine jahrelange Arbeit auf diesen Gebieten wenigstens ein bescheidenes Auskommen und womöglich die Aussicht auf eine dauernde Lebensstellung gewährten.

Als ihm diese Erwägungen vorgetragen wurden, ist der Kaiser mit lebhaftem Interesse darauf eingegangen. Und seiner Einwirkung verdanken wir es, daß das Kultusministerium, nach Einholung eines Gutachtens der Akademie, beim Finanzminister die Einstellung eines Betrages von jährlich 20000 Mark für die Bearbeitung der orientalischen Schriftstücke unserer Sammlungen in den Etat der Akademie erreichte. Für die Durchführung der damit gestellten Aufgaben wurde im Mai 1912 die ‚Orientalische Kommission' begründet, bestehend aus den Herren Erman, Sachau, Lüders, F. W. K. Müller und W. Schulze; der Vorsitz und die Geschäftsführung ist Herrn Ed. Meyer übertragen worden." (usw.).

Dieser Bericht deutet die eigentliche Vorgeschichte nur an, die sich im einzelnen wie folgt nicht ohne dramatische Zwischenspiele vollzogen hat.

Als beim Jubiläum der Universität Berlin im Oktober des Jahres 1910 die großen Zuwendungen an die Naturwissenschaften eben in Gestalt der Kaiser-Wilhelm-Gesellschaft verkündet wurden, kam dem Ägyptologen Adolf Erman der Gedanke, ob es nicht möglich sein könnte, etwas Ähnliches auch für die Förderung der orientalischen Forschungen zu erreichen, um deren Zukunft er sich als Direktor der ägyptischen Abteilung der Museen wegen der Masse der noch unbearbeiteten ägyptischen Texte, als Professor der Ägyptologie an der Universität hinsichtlich des Nachwuchses und als Mitglied der Akademie im Hinblick auf den Fortgang der Arbeiten am Wörterbuch der ägyptischen Sprache ernste Sorgen machte. Er erörterte den Gedanken auf dem Heimweg näher mit dem Indogermanisten Wilhelm Schulze, und beide kamen überein, einen Versuch in dieser Richtung zu machen. Nach

Rücksprache mit Eduard Meyer als dem Erforscher der alten Geschichte auch Ägyptens und des vorderen Orients, mit dem Indologen Heinrich Lüders, mit Friedrich Wilhelm Karl Müller, der gerade im Begriff war, auf Grund seiner genialen Entzifferungen vorher völlig unbekannter Schriften die Durchforschung der Turfanfunde in Gang zu bringen, und noch anderer Fachgenossen entwarf Erman eine Eingabe an den Kultusminister, die in ihrer endgültigen Form am 9. November 1910 abgesandt wurde, unterzeichnet von Erman, Ed. Meyer, Lüders, Müller, W. Schulze, Ed. Sachau und Fr. Delitzsch:

An seine Exzellenz den Herrn Minister der geistlichen-, Medizinal- und Unterrichts-Angelegenheiten.

Euer Exzellenz

beehren sich die unterzeichneten Berliner Vertreter der orientalischen Wissenschaften folgendes zu hochgeneigter Erwägung vorzutragen.

Man pflegt unsere Zeit die Epoche der Naturwissenschaften zu nennen, aber mit nicht minderem Rechte könnte man sie auch als die Epoche der orientalischen Wissenschaften bezeichnen. Denn dem Boden des Orients haben die Grabungen und Forschungsreisen unserer Zeit seine Inschriften und Papyrus und Tontafeln entrissen und haben damit Völker und Zeiten ins Licht gerückt, die für uns bis dahin völlig verschollen waren. Wenn noch im Anfange des 19. Jahrhunderts unsere sicheren historischen Kenntnisse nicht eben weit über die Perserkriege hinausreichten, so reichen sie jetzt in Ägypten und Vorderasien bis ins vierte Jahrtausend v. Chr. und für die arischen Völker Asiens bis ins zweite Jahrtausend. In Ägypten und Vorderasien haben wir die alten Kulturen kennengelernt, in denen unsere eigene wurzelt; in Innerasien sind uns die weittragenden Wechselwirkungen zwischen Europa und der scheinbar so isolierten chinesischen Kultur entgegengetreten. Damit sind unsere Vorstellungen von der Entwicklung der Kulturvölker völlig andere geworden und es ist nicht zu viel gesagt, wenn man behauptet, auch unsere Weltanschauung habe sich dadurch geändert. Welche Überraschungen jeder Tag hier weiter bringen kann, das zeigen die drei Funde, die in den letzten Jahren unerwartet neue Gebiete erschlossen haben. In Elephantine, an der Südgrenze Ägyptens sind die Papyrus einer jüdischen Gemeinde gefunden worden aus der Zeit Esras und Nehemias; die Funde von Boghazkiöi haben uns das alte große Reich der Chatti in Kleinasien kennen gelehrt; die Funde der Turfanexpedition haben uns die seltsame Welt eröffnet, wo sich im frühen Mittelalter Buddhismus, Christentum und Manichäismus, Perser, Türken, Inder und Chinesen berührten.

Euer Exzellenz ist es bekannt, daß es vor allem die Schriftdenkmäler jener alten Völker sind, denen wir diese Aufschlüsse entnehmen, die Inschriften, die Papyrus und Papiere und die Tontafeln. Es sind demnach rein philologische Arbeiten, die hier geleistet sind und zu leisten bleiben: das Entziffern der alten Schrift, das Enträtseln der verlorenen Sprachen und das Erklären des Inhalts. Bei dem Interesse, das die deutsche Gelehrtenwelt von jeher an philologischen Studien gehabt hat, sollte man nun erwarten, daß sich eine größere Schar jüngerer Gelehrter diesen Zweigen der orientalischen Philologie zuwendete. Aber leider ist dem nicht so, und so ungeheuer reich die Ernte ist, so klein ist die Zahl der Arbeiter, die ernstlich für sie in Frage kommen.

Es sind verschiedene Gründe, die diesen Übelstand verursachen. Diese Arbeiten erfordern außer ganz speziellen Studien meist auch eine jahrelange Übung an den Originalen, wie sie sich nur in großen Museen, also in Deutschland nur in Berlin, gewinnen läßt. Die Professoren, die manche dieser Fächer an den anderen deutschen Universitäten vertreten, müssen in ihren Arbeiten die historische und archäologische Seite ihrer Disziplinen bevorzugen, die ja für ihre Vorlesungen mehr in Betracht kommt und zu der sie nicht ständig des in Berlin befindlichen Materiales bedürfen. Die wenigen Oberlehrer aber, die sich auf die Universität mit solchen Studien befaßt haben, kommen erst recht nicht ernstlich für unsere Arbeiten in Betracht, denn bei den großen Ansprüchen, die heute an ihre spezielle Ausbildung in den Examensfächern gestellt werden, können sie ja diese von ihrem Berufe weit abliegenden Studien schwer ernstlich betreiben; nur mit großer Mühe und unter kaum zu überwindenden Schwierigkeiten können sie sie nach ihrer Anstellung fortsetzen und selbst wenn sie in Berlin bleiben, kommen sie doch erfahrungsgemäß bald außer Übung, da ihnen die Zeit zu regelmäßiger Arbeit in den Museen fehlt.

So ist denn der Mangel an Arbeitern auf unsern Gebieten ein wahrhaft bedrohlicher. Es gibt Fächer, wie z. B. das der eranischen Epigraphik, die heute buchstäblich auf zwei Augen stehen. Andere werden ausschließlich von den wenigen Beamten der Museen betrieben, so weit es deren andere Pflichten erlauben; es ist das wirklich nicht viel besser als wenn die wissenschaftliche Bearbeitung und Ausnutzung lateinischer und griechischer Handschriften allein von den Bibliothekaren besorgt würde, die sie zu verwalten haben.

Euer Exzellenz werden aus dem obigen ersehen, daß es unhaltbare und ungesunde Zustände sind, die hier vorliegen. In jahrzentelanger Anstrengung ist mit ungeheuren Kosten diese Hinterlassenschaft der alten Völker für die Menschheit gerettet und in unsere Museen gebracht worden, aber um sie zu verwerten, dazu fehlen uns die Kräfte. Wohl finden sich oft junge Gelehrte, die für diese Untersuchungen begeistert sind und sich gern auf sie werfen würden, aber da wir auch den hoffnungsvollsten keine Aussicht auf eine Stelle machen können, in der sie diese Studien pflegen könnten, so gehen sie uns wieder verloren. Und das ist der Punkt, auf den wir vor allem heute die Aufmerksamkeit Eurer Exzellenz lenken möchten. Was not tut, sind eine Reihe von Stellen, in denen geeignete Personen unsere Studien mit ganzer Kraft betreiben können. Solange wir diese nicht erhalten, besteht die Gefahr, daß mühsam errungene Kenntnis und Übung wieder verloren gehe, weil kein Nachwuchs vorhanden ist, um das aufzunehmen, was sich nicht in Büchern niederlegen läßt. Und weiter ist zu befürchten, daß manches alte Schriftstück, das sich trotz seiner Gebrechlichkeit durch die Jahrtausende erhalten hat, noch vor unsern Augen zugrunde geht, ehe es noch hat für die Wissenschaft verwendet werden können.

Wir haben uns gefragt, ob wir Euer Exzellenz nicht vorschlagen sollten, diesen Bedürfnissen durch Schaffung einer Anstalt für orientalische Studien in der Art der naturwissenschaftlichen Forschungsinstitute gerecht zu werden. Aber da die Anforderungen unserer einzelnen Fächer sehr verschieden sind und da wir die nötigen Personen uns zumeist erst heranziehen müßten, so erscheint es uns richtiger, eine losere Form vorzuschlagen, die eine allmähliche und verschiedenartige Ausgestaltung erlauben würde.

Wir gestatten uns zu beantragen, Euer Exzellenz wolle eine dauernde Kommission ernennen, die zunächst etwa aus je einem Vertreter der Ägyptologie, der Assyriologie, der semitischen Sprachen der vorislamischen Periode, der Indologie und der ostasiatischen Philologie bestände und die Euer Exzellenz direkt unterstellt wäre.

Ihre Aufgabe wäre es, die gedachten orientalischen Schriftdenkmäler herauszugeben und in jeder Weise wissenschaftlich zu verarbeiten, sowohl die der hiesigen Museen als die der ausländischen und die an Ort und Stelle befindlichen.

Zu diesem Behufe würde sie erhalten:

1. eine Anzahl von Beamtenstellen, die den Beamtenstellen der Akademie gleichzustellen wären;
2. einen gemeinsamen Fonds zur Besoldung von Hilfsarbeitern;
3. einen gemeinsamen Fonds zur Unterstützung von Druckwerken.

Sollten Euer Exzellenz, wie wir hoffen, der Verwirklichung dieses Planes geneigt sein, so würden wir bitten, Hochdieselben wolle uns zu einer gemeinsamen Beratung der Einzelheiten mit einem Kommissar Ihres Ministeriums heranziehen.

Euer Exzellenz gehorsamste
gez. Unterschriften

Diese zunächst mehr private Eingabe, welche grundsätzlich die Schaffung einer „Anstalt für altorientalische Studien nach Art der naturwissenschaftlichen Forschungsinstitute", also nach Art der Institute der Kaiser-Wilhelm-Gesellschaft ins Auge faßte, aber die losere Form einer dem Minister direkt unterstellten dauernden Kommission für jene Forschungsarbeiten vorschlug, wurde am 13. Dezember 1910 vom Minister der Akademie zur Prüfung und Begutachtung zugeleitet, ohne daß damit die Bildung einer Kommission außerhalb der Akademie zunächst ausdrücklich abgelehnt wäre. Die Akademie zog neben Herrn von Wilamowitz auch Herrn Harnack zu Rat, der als Präsident der Kaiser-Wilhelm-Gesellschaft und als Generaldirektor der Königlichen Bibliothek damals von großem Einfluß auf die staatlichen Stellen war und jedenfalls besonders gut übersehen konnte, welche Aussichten es für eine Verwirklichung des Planes gab. Harnack erstattete denn auch unter dem 17. Januar 1911 eine Gutachten, das die Ausgestaltung des Antrages entscheidend beeinflußt hat:

Ich halte den Zeitpunkt, den die Herren Vertreter der orientalischen Philologie und alten Geschichte gewählt haben, für einen günstigen, wenn auch wohl der Baum nicht beim ersten Streiche fallen wird. Eine Bedingung dafür, daß er fällt, muß bei den Verhandlungen streng eingehalten werden, nämlich sich nicht durch kleine Abschlagszahlungen hinhalten zu lassen und schließlich taliter qualiter zu beruhigen. Der Antrag muß auf der Höhe erhalten bleiben, auf die er gestellt ist.

Günstig ist der Zeitpunkt, weil der Staat in Bezug auf naturwissenschaftliche Forschungsinstitute — d. h. auf die Gründung neuer — wirklich entlastet ist und ihm nur die Pflege und der Ausbau der vorhandenen obliegt. Umsomehr ist es seine Pflicht, das Notwendige für die Geisteswissenschaften zu tun, eine Pflicht, deren Erfüllung zudem sehr viel billiger ist als die Erfüllung der Pflichten gegenüber der Naturforschung. Günstig aber ist der Zeitpunkt auch deshalb weil die Finanzen des Staats sich wieder heben und augenscheinlich sehr viel schneller, als man das noch vor einem Jahr angenommen hat.

Die zu treffende Einrichtung ist m. E. ganz der Akademie der Wissenschaften anzugliedern; denn so wird am sparsamsten, am sichersten und am würdigsten gearbeitet. Dazu kommt, daß die leitenden bzw. die Oberaufsicht führenden Kräfte sich sämtlich oder fast sämtlich in der Akademie als Mitglieder befinden. Das wird noch lange so sein, während in der Naturforschung Gelehrte, die den Akademikern ebenbürtig sind, sich in beträchtlicher Zahl auch außerhalb der Akademie befinden, wie denn dort die Zahl der Arbeiter überhaupt viel größer ist und diese nicht von einem Orte („Museen") abhängen, also nicht eine Berlinische, sondern eine deutsche Gruppe darstellen. Daher ist ein anderer modus procedendi et aedificandi dort und hier geboten.

Wird aber die betreffende Kommission, die hier nötig ist, ganz der Akademie angegliedert, so ist der Antrag der Kommission, dauernde Beamtenstellen zu begründen, streng festzuhalten; denn das war das „Kreuz" der Inscriptionen-Commissionen, daß sie mit stets wechselnden Arbeitern ihre ungeheure Arbeit bewältigen und zahlreiche junge Gelehrte re gesta „der Pein" überlassen mußten. Daß wiederum die Arbeit der Wissenschaft ein Leichenfeld hinter sich läßt oder daß sie zusehen muß, wie ihre jungen Veteranen stellenlos umherirren oder an unpassende Stelle gestellt werden, das darf nicht sein!

Also mindestens fünf feste Beamtenstellen (nach dem Oberlehrer-Etat)! Dazu ein Fonds für Hilfsarbeiter.

Da soviel ich sehe, die Kommission darauf verzichtet, ihrerseits das Material zu vermehren — was mir übrigens nicht unbedenklich erscheint —, und da Arbeitsräume und ein Bureau m. E. nicht nötig sind, weil teils die Räume der Museen teils die der Akademie ausreichen werden, so erschöpfen sich die Forderungen in den Anträgen für Besoldungen. Die Summe, die sich somit erzielt, ist bescheiden, wenn man bedenkt, was dafür geleistet werden kann und wird:

20—35000 M. feste Besoldungen (je nach der Anciennität) für 5 Beamte, dazu der Wohnungsgeldzuschuß, plus

ca. 18000 M. für 10 Hilfsarbeiter.

Am Anfang hätte man also mit ca. 45000 M. jährlich genug. Doch möchte ich anheimstellen, gleich anfangs und dauernd eine Summe für Publikationen einzustellen und die Frage noch einmal zu erwägen, ob nicht doch auch eine Summe für Material-Vermehrung (d. h. kleinere Expeditionen) zu verlangen ist. 60000 Mark ist nicht schwieriger zu erlangen als 45000 Mark. Diese Tatsache auszunutzen, wäre freilich eine Frivolität, wenn die Einstellung einer Summe (gleichsam einer „Handkasse") für Material-Vermehrung nicht ein wirkliches Bedürfnis ist, worüber ich selbst kein ganz sicheres Urteil besitze.

Endlich — auch einen Namen muß das Kind haben. Der Name „Orientalische Kommission" mit einem langen Schwanz als nähere Bestimmung ist unzweckmäßig. „Orientalisches Forschungsinstitut der K. Akad. d. Wissenschaften." Ein solcher Name würde die Geburt des Kindes erleichtern und seine Schritte fördern. Harnack

Das Gutachten der Akademie ging am 11. Februar an den Minister. Es schlug 6 Stellen für wissenschaftliche Beamte, 6 Stellen für Hilfsarbeiter vor und berechnete die Gesamtkosten der zu errichtenden Kommission auf jährlich 60400 Mark:

An den Herrn Minister der geistlichen usw. Angelegenheiten

Zu dem Erlaß vom 13. Dezember 1910 — N I K 3391 N I. N IV — betr. Die Bildung einer dauernden Kommission für die wissenschaftliche Verarbeitung und Herausgabe der orientalischen Schriftdenkmäler.

Die Akademie hat das ihr von Ew. Exzellenz vorgelegte Projekt eingehend geprüft und hat es dabei für ihre Pflicht gehalten, diese Prüfung auch gerade durch solche ihrer Mitglieder vornehmen zu lassen, die diesen Plänen und den orientalischen Forschungen überhaupt ferner stehen.

Die Aufgabe, um die es sich bei diesem Projekt handelt, ist eine solche, deren Durchführung sich ein Staat heute nicht wohl entziehen kann. Denn durch die Aufdeckung der alten Denkmäler des Orients ist der heutigen Welt eine Hinterlassenschaft zugefallen, die sie als ein heiliges Erbe zu wahren und für die Geschichte der Menschheit zu verwerten hat. Diese Verwertung aber setzt eine eingehende philologische Arbeit voraus, die jene Schriftstücke der Vorzeit veröffentlichen, bearbeiten und wirklich verständlich machen soll.

Wieviel hier durch die Arbeit einzelner Gelehrter getan ist, erkennen auch wir dankbar an. Aber umso schärfer müssen wir betonen, daß alles, was bisher getan ist, doch nur als ein Tropfen auf dem heißen Stein gelten kann, so unendlich ist die Menge des Stoffes, und so weit sind wir noch im Verständnisse der alten Texte zurück. Hier kann nur ein zielbewußtes Vorgehen des Staates Hilfe bringen. Die Erledigung dieser großen Aufgabe darf nicht mehr dem Zufall überlassen bleiben, der es vielleicht dem einen oder dem anderen ermöglicht, auf diesen schwierigen Gebieten zu arbeiten. Es darf ferner nicht mehr vorkommen, daß die mühsam erworbene Kenntnis und Übung des Einzelnen aus Mangel an einer zweckmäßigen Organisation der Arbeit wieder verloren gehe. Vielmehr muß in Zukunft Sorge getragen werden, daß geeignete Kräfte rechtzeitig zu diesen Arbeiten hingeführt werden; es muß ihnen die Möglichkeit einer Existenz gegeben werden, und ihre Arbeit muß planmäßig geleitet werden.

Die Akademie billigt also durchaus die Tendenz des von Ew. Exzellenz vorgelegten Projektes, und sie glaubt, daß man auch unter dem Gesichtspunkt wirtschaftlicher Verwendung der Staatsmittel die für solche Arbeiten nötigen Aufwendungen nur billigen kann. Denn sie stellen ja nur Kosten dar, die zur Nutzbarmachung staatlichen Besitzes nötig werden. Seit vielen Jahrzehnten sind seitens des Staates und insbesondere seitens der Königlichen Museen ungeheure Summen aufgewendet worden, um die Hinterlassenschaft des alten Orients zu bergen, von den Ankäufen der ersten ägyptischen Sammlungen (1823, 1828) und der Lepsius'schen Expedition (1842—1846) an bis zu den großartigen Ausgrabungen der Deutschen Orient-Gesellschaft und bis zu den Turfanexpeditionen. Was so durch gewaltige Aufwendungen des Staates für die Wissenschaft erworben ist, soll endlich volle Frucht tragen, wenn es nicht gar — und das gilt insbesondere von den babylonischen Schriftstücken und denen der Turfanfunde — überhaupt erst gesichtet und gelesen werden soll. Sind doch von den rund 8000 Tontafeln, die die Vorderasiatische Sammlung seit etwa 25 Jahren durch Ankauf erworben hat, bisher erst 2500 bekannt geworden, und vollends von den unzähligen Tontafeln, die in Assur und Babylon gewonnen werden — es soll sich nach einer uns gewordenen Auskunft bisher schon um etwa 20000 Stück handeln — ist noch so gut wie nichts gelesen; und dabei können diese, nach Lage des Abkommens mit der Türkei, jeden Tag von dem Kaiserlich Ottomanischen Museum zurückgefordert werden, um dann in Konstantinopel unbenutzt und ungesichert zu liegen. Und wenn den Funden der Turfanexpedition auch nicht ein so trübes Los droht, so steht es doch auch um sie höchst traurig: nur der kleinste Teil hat bisher von Sprach- und Sachkundigen zusammengesucht werden können, und die Bearbeitung und Veröffentlichung konnte nur für einen verschwindenden Bruchteil in Angriff genommen werden. Etwas besser steht es im ägyptischen Museum, aber wie viel auch hier zu tun ist, mögen zwei Beispiele zeigen. Seit 13 Jahren gehört ihm der berühmte Fund der Kahunpapyrus — das Archiv eines Tempels aus dem Anfang des zweiten Jahrtausends v. Chr. —, aber noch hat sich niemand gefunden, der ihn bearbeitet hätte. Und von den zahllosen hieroglyphischen Inschriften der Sammlung hat bisher überhaupt noch nicht ein Viertel veröffentlicht werden können.

Nach alledem scheint es uns auch im eigenen Interesse des Staates zu liegen, daß diese Studien in der vorgeschlagenen Weise gefördert werden.

Zur weiteren Ausführung des Planes erlauben wir uns noch das Folgende darzulegen.

Die Aufgabe.

Die Beschränkung des Arbeitsfeldes auf die drei Gebiete, die die weitaus überwiegende Menge an alten Schriftdenkmälern geliefert haben, auf Assyrien, Babylonien uud die anderen Keilschriften schreibenden Völker, auf Ägypten und auf Zentralasien, erscheint auch uns durchaus gerechtfertigt. Natürlich soll aber damit nicht gesagt sein, daß nicht, wenn die Sache es erfordert, auch über dieses Gebiet hinausgegriffen werden könnte.

Innerhalb des genannten Arbeitsgebietes sollte nur die eine Beschränkung bestehen, daß philologische Arbeit zu leisten ist, diese aber auch in jeder Gestalt: als Lesung und Veröffentlichung, als Übersetzung und Erklärung, als grammatische und lexikalische Verarbeitung.

Es ist weiter wohl kaum nötig zu betonen, daß diese Arbeit, wenn sie auch natürlich von den Berliner Beständen ausgehen und auf ihnen basieren muß, doch nicht einseitig auf sie beschränkt bleiben darf. Vielmehr werden, wo immer es im Interesse der Wissenschaft nötig erscheint, auch die auswärtigen Bestände in den Kreis der Untersuchung gezogen werden müssen. Denn die wissenschaftliche Forschung kann nur dann gedeihlich betrieben werden, wenn ihr nicht engherzig Grenzen gesteckt werden und gerade in der Möglichkeit völlig freier Arbeit sehen wir den Hauptzweck der geplanten Organisation.

Auch dem Bedenken glauben wir nicht Raum geben zu dürfen, daß es in Zukunft einmal an Material für diese Arbeiten fehlen könne. Denn nach den

Erfahrungen der letzten Jahrzehnte ist nach menschlicher Berechnung anzunehmen, daß Material noch lange in gleicher Fülle wie bisher zuströmen wird.

Die Organisation.

Auf Grund unserer Ermittelungen können wir bestimmtere Vorschläge für die Organisation des Unternehmens machen als in der uns vorgelegten Eingabe enthalten sind.

1. Das Unternehmen wird der Akademie unterstellt, denn im Anschluß an deren erprobte Organisation wird es am sparsamsten und sichersten arbeiten können.

   Es wird von einer Kommission geleitet, die den Namen „Orientalische Kommission führt". Diese Kommission besteht aus fünf Mitgliedern der Akademie, hat aber das Recht sich durch Kooptation von Mitgliedern und Nichtmitgliedern der Akademie zu verstärken, sei es allgemein, sei es für besondere Aufgaben.

2. Der Kommission sind unterstellt 6 Beamte, die den übrigen Beamten der Akademie gleichgesetzt werden. So weit wir es bisher übersehen können, würden diese sich folgendermaßen über die einzelnen Fächer verteilen:

Assyriologie	2	
Ägyptologie	1	
Iranisch	1	für die Turfanfunde
Indisch	1	für die Turfanfunde
Chinesisch	1	für die Turfanfunde

3. Für kleinere und wechselnde Arbeiten müssen Hilfsarbeiter eingestellt werden. Wir glauben annehmen zu müssen, daß deren etwa sechs nötig sein werden.

4. Für den Besuch anderer Sammlungen und anderweitige Studienreisen ist ein besonderer Betrag vorzusehen. Wir glauben ihn etwa auf 3000 Mark annehmen zu sollen.

   Ausdrücklich sei übrigens bemerkt, daß es sich bei diesen Reisen nicht um die Gewinnung neuen Materials durch Grabungen oder Ankäufe handeln darf, denn diese muß natürlich nach wie vor in den erprobten Händen der Museen bleiben.

5. Die Veröffentlichungen des Unternehmens bilden keine einheitliche Reihe, sondern können nach Bedürfnis und in beliebiger Form erfolgen. Es ist dabei nicht so sehr auf äußere Repräsentation zu achten als vielmehr auf Einfachheit und leichte Benutzbarkeit. Trotzdem wird bei den hohen und ständig steigenden Kosten des orientalischen Druckes ein beträchtlicher Zuschuß zu den Veröffentlichungen nicht zu umgehen sein. Es wird also ein Fonds dafür vorzusehen sein, der gewiß 10000 Mark oder mehr beanspruchen wird.

Die Kosten.

Die Akademie glaubt unter den obigen Voraussetzungen folgenden Kostenanschlag machen zu sollen:

1.	6 Beamte mit Oberlehrergehalt und entsprechendem Wohnungsgeldzuschuß; im Durchschnitt zunächst angesetzt mit je 4800 Mark	28800 Mk.
	Dazu Wohnungsgeldzuschuß	7800 Mk.
2.	Fonds zur Besoldung von 6 Hilfsarbeitern	10800 Mk.
3.	Reisefonds	3000 Mk
4.	Publikationsfonds	10000 Mk.
		60400 Mk.

Dabei ist vorausgesetzt, daß sich die Titel 2—4 gegenseitig übertragen.

Nach diesen Darlegungen glaubt die Akademie darauf vertrauen zu dürfen, daß Ew. Exzellenz den orientalischen Studien in dieser Lebensfrage Ihren Beistand nicht versagen werden.

(gez.) Unterschriften

Aber damit war die Angelegenheit zunächst auch erledigt. Denn nun erhoben sich an den beiden Stellen, die den Antrag zu genehmigen hatten, unerwartete Schwierigkeiten: der Preußische Finanzminister wollte gar nicht an die Sache heran, und auch der Kultusminister war nicht recht für sie zu erwärmen. Er dachte daran, Oberlehrer, von denen ja in der ersten Eingabe ablehnend die Rede gewesen war, zu beurlauben. Auf eine solche, wie Harnack sie bezeichnet hatte, ungenügende „Abschlagszahlung" aber konnte und wollte sich die Akademie nicht einlassen.

Der Kern der Schwierigkeiten lag in der Forderung neuer Stellen für wissenschaftliche Beamte. Und der Finanzminister hat seine Abneigung, solche Stellen zu schaffen, ja auch unverhohlen zum Ausdruck gebracht, als er, offenbar sehr gegen seinen Willen, schließlich höheren Ortes doch genötigt wurde, wenigstens etwas in der Angelegenheit zu tun. Ich komme gleich auf seine Auffassung zurück.

Die Einrichtung besonderer Stellen für wissenschaftliche Beamte geht auf das Jubiläum von 1900 zurück, auf einen von Harnack angeregten Erlaß des Kultusministeriums vom Juni 1898, in dem es heißt:

„Zur dauernden Erinnerung an das Jubiläum der Akademie beabsichtigt das Ministerium eine Reihe von ständigen Hilfsarbeiter-Stellen (wissenschaftliche Beamten) zu gründen, denen die Durchführung wissenschaftlicher, von der Akademie angeregter oder geleiteter Unternehmungen übertragen wird."

Auf diese Aussicht hin hat die Akademie dann unter dem 27. Juli 1899 im ganzen 16 solcher Stellen beantragt, und zwar 10 für Unternehmungen der Philosophisch-Historischen Klasse:

Kirchenväterausgabe
Lateinische Inschriften
Numismatik
Griechische Inschriften
Ägyptische Sprache
Kant-Ausgabe
Ibn Saad und andere orientalische Unternehmungen
Vocabularium iuris prudentiae Romanae
Wörterbuch der Deutschen Rechtssprache und andere germanistische Unternehmungen
Preußische Geschichte

und für 6 Unternehmungen der Mathematisch-Naturwissenschaftlichen Klasse:

Erforschung der chemischen Konstitution der Mineralien und Gesteine
Pflanzenreich
Bearbeitung der erdmagnetischen Beobachtungen
Tierreich
Fixsternhimmel
Physikalisch-chemische Arbeiten.

So lang hatte sich die Akademie die in Aussicht gestellte „Reihe" jedenfalls gedacht, die sich im Finanzministerium jedoch sehr verkürzte: nur 4 Stellen der neuen Kategorie der wissenschaftlichen Beamten wurden zum Jubiläum tatsächlich bewilligt durch Erlaß vom 4. April 1900:

eine für die Kirchenväterausgabe

eine für die lateinischen Inschriften einschließlich der Numismatik
eine für das Pflanzenreich
eine für den Fixsternhimmel.

Damit war nicht allzuviel erreicht, aber doch ein Anfang gemacht und zunächst der dringendste Bedarf befriedigt. Die Stellen konnten im Lauf der folgenden Jahre langsam und nicht ohne Mühe so vermehrt werden, daß es ihrer im Jahre 1910 doch immerhin neun gab:

je eine für die Lateinischen Inschriften, die Numismatik, die Griechischen Inschriften, die Kirchenväterausgabe, die Deutsche Kommission, die Leibnizausgabe, das Pflanzenreich, das Tierreich und den Fixsternhimmel. Dazu kam als zehnte Stelle die des Archivars und Bibliothekars als des Verwaltungsbeamten der Akademie.

Und dabei ist es geblieben. Eine Vermehrung der Beamtenstellen über zehn hinaus ist nicht erreicht worden; der erste Weltkrieg mit seinen Folgen ließ es nicht dazu kommen, und auch später gelang es nicht. Denn bis zum Zusammenbruch des alten Staates unterstand ja die Akademie finanziell dem Preußischen Finanzminister, nicht dem des Reiches. Und in der Ära Popitz war man am Kastanienwäldchen noch ebenso sparsam und genau mit dem Geld wie in der Ära Rheinbaben vor dem ersten Weltkrieg, nach dessen Ende aber doch insofern ein Fortschritt erzielt wurde, als die Beamtenstellen, die bei ihrer jedesmaligen Begründung zunächst fest mit dem betreffenden Unternehmen verbunden waren, übertragbar gemacht wurden. Die Akademie erhielt das Recht, eine Stelle, die durch Ausscheiden ihres Inhabers, wenn die Unternehmung ganz oder doch nahezu zum Abschluß gelangt war, auf eine andere große Arbeit zu übertragen. So ist zum Beispiel 1922 die Stelle des wissenschaftlichen Beamten für die Lateinischen Inschriften dem Ägyptischen Wörterbuch zur Verfügung gestellt worden.

Der Antrag der Akademie auf Errichtung einer besonderen Kommission zur Erforschung der orientalischen Schriftdenkmäler mit ihrer Forderung neuer Stellen für Beamte und Hilfsarbeiter und Fonds für Reisen und Veröffentlichung des Erforschten stieß, wie gesagt, auf so erhebliche Schwierigkeiten in den beiden zuständigen Ministerien, insbesondere beim Finanzminister auf eine so entschiedene Ablehnung, daß es so gut wie aussichtslos erschien, durch Verhandlungen, die sich schon über ein Jahr hinzogen, weiterzukommen. Da ergriff Anfang 1912 Eduard Meyer auf einem Abend beim Kaiser, der eine Anzahl Herren vom Vorstand der Orient-Gesellschaft zu sich geladen hatte, die Gelegenheit, die Sache zur Sprache zu bringen und den Kaiser für die Sorgen der Orientalisten zu interessieren. Das gelang über Erwarten, und nun mußte der Finanzminister nachgeben, aber auch jetzt noch widerwillig, ja wütend, wie aus dem Erlaß nur zu deutlich hervorgeht, den der Kultusminister unter dem 4. März 1912 an die Akademie sandte. Im übrigen war der Finanzminister trotz der Nötigung von oben auch jetzt noch knauserig geblieben: die geforderten 60400 Mark waren auf 20000 Mark zusammengeschrumpft; denn die Beamtenstellen wurden nicht bewilligt. Der Erlaß (U I K Nr. 276) lautet:

Im Anschluß an den Erlaß vom 5. Dezember 1911 — U I K 4362 — teile ich der Königlichen Akademie der Wissenschaften mit, daß zufolge der weiteren Verhandlungen mit dem Herrn Finanzminister in Aussicht genommen ist, den Betrag von 20000 Mark, um den der Staatszuschuß der Akademie zwecks Erforschung und Bearbeitung orientalischer Schriftdenkmäler erhöht werden soll, nicht als einen Sonderfonds in den Etat der Akademie einzustellen, vielmehr um diesen Betrag den Fonds Titel VII Nr. 7 der Etats-Ausgaben unter „Vorbehalt der Genehmigung des vorgeordneten Ministeriums" zu erhöhen. Dabei ist noch besonders betont und in der Begründung der Mehrausgabe im Entwurf des Staatshaushaltsetats ausdrücklich vermerkt worden, daß die Mehrbewilligung auch zum Zwecke der Veröffentlichung der bearbeiteten Schriftdenkmäler bestimmt ist. Sofern sich daher für die Drucklegung nicht aus anderen Quellen, insbesondere aus den dafür bisher benutzten und weiter dafür zu verwendenden Fonds, hinreichende Mittel finden lassen sollten, muß auch für diesen Zweck auf den neu eingestellten Betrag zurückgegriffen werden.

Der Herr Finanzminister hat ferner nachdrücklich betont, daß die Schaffung etatsmäßiger Stellen zwecks dauernder Gewinnung geeigneter Gelehrter für die geplante Erforschung und Bearbeitung orientalischer Schriftdenkmäler auch für die Folge nicht als eine notwendige Forderung anerkannt werden könnte. Denn es sei hier wie überhaupt daran festzuhalten, daß Aufgaben, deren Inangriffnahme und Durchführung die Akademie übernimmt, an sich von ihren Fachmitgliedern zu leisten sind und nicht allgemein im wesentlichen auf dauernd angestellte wissenschaftliche Beamte übergeleitet werden dürfen. Es könne daher nur darauf ankommen, Hilfskräfte zu gewinnen, für welche der spätere Eintritt in anderweite Berufe von vornherein in Aussicht zu nehmen, und deren Remuneration nur so zu bemessen sei, daß sie nicht etwa dauernd einen Ersatz für anderweite etatsmäßige Anstellung darstellt, sondern einem allzu schnellen Wechsel der Hilfsarbeiter vorbeugt.

Im Auftrage
gez. Unterschrift

Was dieser Erlaß brachte, war längst nicht das, was die Akademie gefordert und erwartet hatte, aber es war doch so viel, daß die Orientalische Kommission in der Sitzung der Phil.-Hist. Klasse vom 2. Mai 1912 gebildet werden konnte. Sie setzte sich zusammen aus Herrn Ed. Meyer als Vorsitzenden und den Herren Erman, Sachau, Lüders, Müller und W. Schulze als Mitgliedern. Die Kommission hat ihre Arbeit alsbald aufgenommen.

Aber über diese eigentliche Wirkung hinaus hatte jener Erlaß noch eine sehr andere Folge. Die Akademie empfand die Auffassungen des Finanzministers, die der Kultusminister ihr mitgeteilt hatte, als einen schweren ungerechtfertigten Vorwurf und als eine Kritik ihrer Arbeitsmethoden und beschloß noch in der Klassensitzung vom 2. Mai 1912, auf den Erlaß eine Antwort zu erteilen, in der es sich nicht nur für den besonderen Fall, sondern grundsätzlich um eine Abweisung der vom Finanzminister ausgesprochenen Auffassung handeln sollte. In der Debatte hob insbesondere Herr Harnack hervor, daß diese Auffassung in schärfstem Widerspruch stehe zu der 1900 durchgesetzten und ganz unentbehrlich gewordenen Einrichtung etatsmäßiger wissenschaftlicher Beamter. Das so beschlossene Antwortschreiben sollte Herr Harnack verfassen; es sollte schon in der nächsten Plenarsitzung mitgeteilt werden. Und Herr Harnack hat denn auch eine Antwort an den Minister verfaßt, die so recht seine Gabe, die entscheidenden Punkte zu erfassen, zeigt und sein ungewöhnliches Geschick, auch Unerfreuliches nicht ohne eine gewisse Anmut auszusprechen und scharf zu werden ohne verletzende Schärfe. Sein vortreffliches Antwortschreiben wurde am 9. Mai im Plenum verlesen, das es einstimmig billigte. Es ging am 11. Mai 1912 als Schreiben der Akademie an den Minister:

Ew. Exzellenz spricht die Königliche Akademie der Wissenschaften den gehorsamsten Dank aus für die in dem geehrten Schreiben vom 11. März an sie ergangene Mitteilung, daß in Aussicht genommen ist, den Etat der Akademie um die Summe von 20000 Mark zwecks Erforschung und Bearbeitung der altorientalischen Schriftdenkmäler zu erhöhen. Sie hat auch von der Anweisung Kenntnis genommen, daß gegebenenfalls für Drucklegungen auf diesen Betrag zurückzugreifen sei.

Die Äußerung des Herrn Finanzministers aber, die Ew. Exzellenz der Akademie übermittelt haben, nötigt sie noch zu einer sachlichen Darlegung. Der Herr Finanzminister hat bemerkt: „Es sei überhaupt daran festzuhalten, daß Aufgaben, deren Inangriffnahme und Durchführung die Akademie übernimmt, an sich von ihren Fachmitgliedern zu leisten sind und nicht allgemein im wesentlichen auf dauernd angestellte wissenschaftliche Beamte übergeleitet werden dürfen. Es könne daher nur darauf ankommen, Hilfskräfte zu gewinnen, für welche der spätere Eintritt in anderweiter Berufe von vornherein in Aussicht zu nehmen sei."

Zunächst handelt es sich in dem Fall, der den Anlaß zu dieser Äußerung gegeben hat, gar nicht, wie der Herr Finanzminister anzunehmen scheint, um eine aus der Initiative der Akademie hervorgegangene Aufgabe. Sieben Berliner Gelehrte, die nicht einmal alle der Akademie angehören, die aber alle durch ihre amtliche Stellung oder ihre wissenschaftliche Arbeit an diesen Dingen pflichtmäßig interessiert sind, haben in einer Eingabe an Ew. Exzellenz vom 9. November 1910 auf den allmählich unerträglich gewordenen Zustand hingewiesen, daß die ungeheure Menge der im Lauf von Jahrzehnten durch den preußischen Staat mit schweren Opfern an Geld und Menschenkraft erworbenen altorientalischen Schriftdenkmäler zum großen Teil auf unabsehbare Zeit ein toter und für die Wissenschaft unfruchtbarer Besitz bleiben müssen, wenn es nicht gelingt, eine Anzahl zweckentsprechend vorgebildeter Mitarbeiter für die systematische Durchforschung dieser Denkmälermassen mobil zu machen.

Die Unterzeichner der Eingabe vertraten den Standpunkt, daß dem Staate als Erwerber und Besitzer so kostbarer Schätze auch in erster Linie die Ehrenpflicht zufalle, die wissenschaftliche Nutzbarmachung seines Besitzes materiell zu ermöglichen. Daß die von ihnen für diese Zwecke gewünschte mit genügenden Mitteln auszustattende Organisation der Akademie unterstellt werden soll, geht zurück auf eine in hohem Maße dankenswerte Anregung Ew. Exzellenz (in dem Erlaß vom 13. Dezember 1910), die wir in unserem Gutachten bereitwillig aufgegriffen haben, weil wir mit Ew. Exzellenz die Überzeugung teilen, daß die Lösung solcher Aufgaben am zweckmäßigsten von der Akademie überwacht wird.

Wichtiger als diese Richtigstellung des Ausgangspunktes ist uns die nachdrückliche Verwahrung gegen die an diesem Einzelfall geknüpften prinzipiellen Forderungen des Herrn Finanzministers.

Der Grundsatz, den der Herr Finanzminister als den „festzuhaltenden" bezeichnet hat, hat niemals bestanden und kann daher von der Akademie auch nicht festgehalten werden. Hätte er je bestanden und wäre es also Vorschrift und Regel gewesen, daß Aufgaben, deren Inangriffnahme und Durchführung die Akademie übernimmt, an sich von ihren Fachmitgliedern zu leisten sind, so wären alle die großen Unternehmungen von Humboldt's und Böckh's Zeiten, vom Corpus Inscriptionum an, überhaupt niemals entstanden, die das Hauptwerk und den Ruhm der Akademie darstellen, und sie selbst würde noch heute auf jener bescheidenen Stufe stehen, auf der sie am Anfang des vorigen Jahrhunderts zur Zeit Biester's und Nikolai's gestanden hat. So gut wie niemals hat die Akademie auch nur eine einzige ihrer großen Unternehmungen — und sie zählt jetzt nahezu 50 — allein durch die Arbeit ihrer Fachmitglieder durchführen können, vielmehr hat sie stets auch andere Kräfte heranziehen müssen, und der Akademiker eisernen Fleißes, Mommsen, hat die meisten nötig gehabt. Unter welchen Schwierigkeiten und Nöten sie diese Kräfte zwei Menschenalter hindurch gewonnen hat, wie sich für Tagelöhnerpreise Gelehrte in ihren Dienst gestellt haben, wie ihre Fachmitglieder, ohne zu solcher Tätigkeit verpflichtet zu sein, und mit Hintansetzung ihrer eigenen Arbeiten und Interessen sich der Leitung und Durchführung großer Aufgaben, aber auch jeder dabei nötigen Kärrnerarbeit gewidmet haben, kurz, wie in keinem Staat der Welt mit den gewährten Mitteln wissenschaftlich so viel geleistet worden ist wie in Berlin, das ist Ew. Exzellenz bekannt und es widerstrebt uns, darauf näher einzugehen. Aber mit einem Gefühle der Bitterkeit empfinden wir es, daß in dem Moment, wo wieder einmal eine Gruppe von Akademikern sich entschlossen hat, ihre privaten Arbeiten zugunsten eines großen akademischen Unternehmens einzuschränken und dabei natürlich auch der Mitarbeit anderer bedarf, der Herr Finanzminister es für angezeigt erachtet, sie darauf aufmerksam zu machen, daß sie „allgemein und im wesentlichen" die Arbeit allein machen sollen. Da das Festhalten an diesem Grundsatz die Einstellung aller großen Unternehmungen der Akademie bedeuten würde, so kann der Herr Finanzminister bei seiner Mahnung nicht richtig unterrichtet gewesen sein; aber selbst unter dieser Voraussetzung muß die Akademie in der Vorhaltung eine Kritik erkennen, die sie zurückweist.

Bei der Zweihundertjahrfeier der Akademie im Königlichen Schloß hat Ew. Exzellenz Vorgänger in seiner Rede erklärt: „Die Inangriffnahme großer, über die Kräfte der einzelnen weit hinausreichender Gesamtunternehmungen muß als die eigentliche Hauptaufgabe der Akademie angesehen werden."

An diese Richtschnur wird sich die Akademie auch in Zukunft halten und ist gewiß, daß es ihr auch ferner noch an selbstlosen und opferfreudigen Mitgliedern nicht fehlen wird, die ihre Zeit großen akademischen Unternehmungen widmen werden; aber eben deshalb wird sie auch in Zukunft Hilfskräfte erbitten, ohne welche solche Unternehmungen nicht durchzuführen sind.

Solche Hilfskräfte will der Herr Finanzminister nicht ganz ausgeschlossen sehen, aber auch hier sind wir, gestützt auf das, was bereits zur Bemerkung gelangt ist, verpflichtet, dem Grundsatz entgegenzutreten, den der Herr Finanzminister ausgeführt hat. Der Herr Finanzminister schreibt: „Es könne nur darauf ankommen, Hilfskräfte zu gewinnen, für welche der spätere Eintritt in anderweite Berufe von vornherein in Aussicht zu nehmen sei." Mit der Stabilierung dieses Grundsatzes wirft der Herr Finanzminister die Entwicklung der Akademie und des wissenschaftlichen Betriebes auf die Stufe zurück, auf der sie sich vor dem Jahre 1900 befunden hat. Bis zu diesem Jahre besaß die Akademie keine etatsmäßigen wissenschaftlichen Beamten und mußte sich mit wechselnden Hilfsarbeitern allein behelfen. Gebrochene Existenzen, die, aus der Spezialarbeit geworfen, keinen Beruf mehr fanden, Privatdozenten und Professoren, die es besser niemals geworden wären, bedenkliche Spezialisierung der Universitätsfächer, steter Wechsel der Hilfskräfte bei der Akademie, der die Arbeiten verteuerte und verschlechterte; das waren die Folgen. Da entschloß sich Ew. Exzellenz Vorgänger, etatsmäßige wissenschaftliche Beamtenstellen bei der Akademie zu begründen und der Herr Finanzminister überzeugte sich von der Notwendigkeit dieser Einrichtung. Bei dem Jubiläum der Akademie trat sie ins Leben, und die Akademie begrüßte sie als eine der wichtigsten Fortschritte in ihrer Entwicklung. Seitdem sind 12 Jahre verflossen; die Einrichtung hat sich nicht nur bewährt, sondern bei der Ausdehnung aller wissenschaftlichen Disziplinen hat sich auch ihre absolute Notwendigkeit ergeben. Die Arbeit der akademischen Fachmitglieder ist dadurch keineswegs geringer geworden; aber ihnen sind Aufgaben abgenommen, die sie neben der Leitung der Unternehmungen gar nicht mehr leisten konnten. Soll nun diese Einrichtung aufhören? Wenn die Zahl der Stellen nicht vermehrt wird, kommt das einer Aufhebung gleich; denn die Wissenschaft existiert nur im Fortschreiten und in der Inangriffnahme neuer Aufgaben, während viele der alten Aufgaben bleiben. Sie ist in dem Augenblicke tot, in dem sie stille steht. Wenn diese Tatsachen im Staate nicht zur Anerkennung gebracht werden, so muß sich der Staat von der Pflege rein wissenschaftlicher großer Aufgaben zurückziehen und sie, wie in Amerika, den Millionären überlassen. Will er das nicht, so darf er die Wissenschaft nicht vegetieren lassen; denn es ist kein Zweifel — begüterte Leute sind heute in Deutschland genug vorhanden, die bereit sind, sie in Pacht zu nehmen, und auch die Wissenschaft ist im 20. Jahrhundert von dem Gesetz nicht ausgeschlossen, daß sie der stärkeren Hand folgt. Daß neben dem Staat solche anziehenden Kräfte vorhanden sind, ist, wenn sie in die richtigen Bahnen gelenkt werden, kein Unglück, sondern ein Glück. Aber damit der Staat die Oberhand behält, muß er selbst für die Wissenschaft eine offene Hand haben und den wissenschaftlichen Betrieb großzügig leiten. Um wieviele Stellen und welche Summen handelt es sich in diesem Falle aber? Die Akademie besitzt zur Zeit 9 Stellen für wissenschaftliche Beamte, die das Gehalt eines Oberlehrers beziehen. Wenn es die doppelte Zahl wäre, so wären es immer noch nicht mehr als die Zahl der Lehrer an einem Gymnasium beträgt. Sollte der Staat wirklich in dieser Beziehung nicht soviel für seine Akademie aufbringen können, als er für eines seiner Gymnasien gewährt?

Die Königliche Akademie steht den Schwierigkeiten, die hier gemacht werden, mit schwerer Sorge gegenüber; denn die Zeichen der Zeit weisen deutlicher als je früher daraufhin, daß der Staat die reine Wissenschaft energischer unterstützen muß, wenn sie nicht aus seinem Rahmen ausscheiden soll. Aber die Akademie hält noch an der Hoffnung fest, daß es sich nur um eine zeitweise Unsicherheit handelt und daß die alten Traditionen des preußischen Staates sich auch gegenüber den stärkeren und daher zunächst überraschenden und unliebsamen Forderungen der Wissenschaft der Gegenwart behaupten werden. Sie erkennt auch ihrerseits an, daß die Sorge, das Heer der Beamten nicht ohne zwingende Gründe zu vermehren, eine sehr berechtigte ist, und daß namentlich die Finanzverwaltung pflichtmäßig darüber zu wachen hat, daß die progressiven Tendenzen hier auf das Notwendigste beschränkt werden; aber sie glaubt, daß in diesem ihren Fall, wenn sie auch manche Arbeiten fort und fort wie bisher durch wechselnde Hilfsarbeiter erledigen wird, die Beschränkung auf solche unzweckmäßig und in ihren Folgeerscheinungen schließlich teurer ist, als die Ausführung durch eine größere Anzahl fest angestellter Beamter. Daher bittet sie aufs dringlichste darum, daß, wenn auch zur Zeit etatsmäßige Beamtenstellen für die gedachten Zwecke nicht zu erreichen sein sollten, doch für die Zukunft ihre Gewährung für erprobte Hilfsarbeiter ins Auge gefaßt wird, und schon jetzt bittet die Akademie um das Wohlwollen Ew. Exzellenz, wenn sie solche Anträge stellen wird.

Eine Antwort des Kultusministers ist meines Wissens weder auf dieses Schreiben erfolgt noch auf ein ganz ähnlich gehaltenes, in dem Adolf Erman zu der Auffassung des Finanzministers Stellung nahm. Und wenn einer, so hatte Erman das Recht zu einem solchem Protest. Denn er hatte dem von ihm ins Leben gerufenen und lebendig erhaltenen akademischen Unternehmen des Wörterbuchs der ägyptischen Sprache seit dessen Inswerksetzung im Jahre 1897 Tag für Tag in wahrer Kärrnerarbeit seine beste Kraft gewidmet, die er dem Unternehmen auch weiterhin in harter und rastloser und entsagungsvoller Tätigkeit geschenkt hat, so lange seine Kräfte es zuließen, an 40 Jahre hindurch. Das ist ja überhaupt der Humor bei der Angelegenheit, daß der Ärger des Finanzministers und seine Forderung, die Mitglieder der Akademie sollten gefälligst selbst ihre Unternehmen auch in der für diese nötigen täglichen Arbeit durchführen, ohne daß er es wußte, Männer traf, die gerade diese Forderung längst und als etwas Selbstverständliches erfüllten und nur darum Mitarbeiter verlangten, weil ihre persönlichen Kräfte nicht ausreichten. Denn wie Erman so schwebten weder Harnack noch F. W. K. Müller noch Wilhelm Schulze noch Lüders noch Sachau, eben die unschuldigen Erreger des ministeriellen Zornes, nur leitend über ihren Unternehmungen und Kommissionen, sondern waren nach guter akademischer Art, wie ehemals Theodor Mommsen, selbst Zettel schreibend und ordnend, Texte kopierend, Handschriftenfragmente zusammensuchend und wie es sonst die tägliche mühselige Kleinarbeit erfordert ihre eigenen Hilfsarbeiter und doch auch zugleich die aufbauenden Meister, die immer das werdende Ganze im Auge hatten und dem gewonnenen Stoff Maß und Ordnung gaben. Und es ist mir eine Freude und Ehre, daß ich hier die Gelegenheit habe, diese Männer wieder einmal nennen und, wenn auch nur andeutend, darauf hinweisen zu können, wie sie planend und zugleich in praktischer handwerklicher Arbeit für die Akademie in deren letzter Periode gewirkt haben. Denn sie waren meine Lehrer auch in der Akademie, von denen ich gelernt habe, was es Großes bedeutet, für die Berliner Akademie der Wissenschaften arbeiten zu dürfen, und wie man das am besten tun muß, für diese Akademie, in deren Dienst ich seit 1907 stehe, der ich auch materiell verdanke, daß ich Ägyptologe werden konnte, der ich mich in Dankbarkeit und Treue auf das engste verbunden fühle.

Blicken wir zurück auf das, was uns die mitgeteilten Akten etwas enthüllten, auf die Knappheit der finanziellen Möglichkeiten der vergangenen Jahrzehnte und auf die Enge und Unzweckmäßigkeit der Arbeitsräume im alten Hause und auf die

Enttäuschung, welche die Errichtung der Kaiser-Wilhelm-Institute außerhalb der Akademie ihr bereitete, und bedenken wir, wie es ihr heute finanziell, räumlich und betreffs der Begründung und Ausgestaltung zahlreicher wichtigster Institute ganz nach Art jener ihr entgangenen der Kaiser-Wilhelm-Gesellschaft geht, um nur diese drei Tatsachen hervorzuheben, so könnte die Akademie eigentlich glücklich sein und ihre Arbeit freudig und um solcher Freudigkeit willen auch erfolgreich tun. Wenn gleichwohl trotz der außerordentlichen Vermehrung der Mittel und der sehr erweiterten Forschungsbereiche, die heute außer den Sprachen, der Literatur, der Kunst, den Gesellschaftswissenschaften und Naturwissenschaften im eigentlichen Sinne auch die Medizin, die Landwirtschaft und die Technik umfassen, die für das Ganze und für die Teile, für die Geltung und für die Arbeit verantwortlichen ordentlichen Mitglieder der Akademie nicht in jedem Augenblick so glücklich und freudig sind, wie sie sein könnten und möchten, so liegt es nicht an ihnen, sondern daran, daß sie so manches, das sie nötig brauchen, noch nicht haben, daß ihnen Kräfte, die sie sich gewonnen hatten, wieder entzogen wurden und daß sie zuweilen daran zweifeln müssen, ob das gute Wort vom „Reich des Geistes, das nicht von dieser Welt ist“ noch überall gekannt und beherzigt wird.

Es ist eigentlich selbstverständlich, daß die Akademie manches, ja vieles, dessen sie für ihre Arbeit bedarf, noch nicht wieder erhalten hat, und es liegt nicht am guten Willen derer, die es geben könnten, wenn sie es noch nicht gewährt haben. Aber für manches hoffen wir auf unser Jubiläum, als eine passende Gelegenheit, uns, die wir auch unserseits einige Gaben vorbereitet haben, mit Geburtstagsgeschenken zu erfreuen wie zum Beispiel mit den schon so lange in bester Meinung versprochenen Lizenzen mehrerer orientalistischer Zeitschriften, auf deren Wiedererscheinen die Wissenschaft im Osten wie im Westen sehnlich wartet, weil ohne sie auf die Dauer die Forschung nicht zu wirklichem Leben und Fortschritt kommen kann. Und solcher Wünsche hat die Akademie noch mehr!

Ein ernstes Problem bildet der Verlust, den die Akademie und damit die Wissenschaft, deren Pflege ihr in erster Linie anvertraut ist, immer wieder dadurch erleidet, jedenfalls schon schmerzlich erlitten hat, daß ihr Kräfte, die sie sich schon gewonnen hatte und auf deren Betätigung für die Dauer sie rechnen zu können glaubte, wieder entglitten sind. Und wie es den Anschein hat, vermag niemand dem Abfluß solcher wissenschaftlichen Kräfte, dem „Folgen der stärkeren Hand", wie Harnack es in der oben mitgeteilten Eingabe bezeichnet hat, Halt zu gebieten.

Und endlich: die Akademie empfindet es als peinlich, daß man ihr mancherorts in Deutschland und im Ausland anscheinend nicht gönnt (um es einmal so zu bezeichnen), so umfassend und erfolgreich arbeiten zu können, wie es doch der Fall ist, so daß die schon oben ausgesprochene Frage nach der Gültigkeit des Wortes von der Überweltlichkeit des Reiches des Geistes nicht unberechtigt ist. Anstatt die Reinheit unsers Wollens und die Unbefangenheit unserer wissenschaftlichen Arbeit in Zweifel zu ziehen, sollte man besser die Verpflichtung fühlen, uns durch Anteil zu stärken, gerade auch im Bezug auf das bevorstehende Jubiläum, bei dem man nicht unbeachtet lassen sollte, daß nicht irgendeine Akademie ihre Zweihundertfünfzigjahrfeier zu begehen im Begriff ist, sondern die Berliner Akademie, die ihren neuen Namen der Deutschen allerdings im Hinblick auf das, was sie der Wissenschaft gegeben hat und erst recht auf das, was sie ihr noch geben will, mit gutem Recht führt. Man sollte uns Vertrauen schenken und immer auf die großen und verpflichtenden Aufgaben sehen, welche gerade diese Akademie zu lösen hat und trotz allem zu lösen entschlossen ist. Und man sollte sich darüber freuen – weil es sich doch um die Wissenschaft als solche handelt, die für ihre verschiedenen Aufgaben verschiedener Hauptarbeitsplätze bedarf, manche hier in Berlin, manche andere anderswo –, daß wir eben hier in Berlin im Rahmen unseres akademischen Aufbaus, der stellenweise ein Neubau ist, es in manchem besser haben. Als Ägyptologe kann ich jedenfalls nur sagen, daß, und ich bitte mich nicht falsch zu verstehen, nirgends in Deutschland so wie hier in Berlin im Rahmen der Akademie Ägyptologie als Wissenschaft von der Sprache und von den Texten und von dem, was sie enthalten, das heißt als ägyptische Altertumskunde im Sinne Adolf Ermans und Kurt Sethes getrieben werden kann, wie denn überhaupt die Orientalistik samt Afrikanistik in unserer Akademie keinen unansehnlichen Platz einnimmt, so vieles hier auch noch zu ergänzen und zu verbessern bleibt. Was Adolf Erman und seine Gefährten 1912 für die Orientalistik erstrebt haben, ist auf dem Wege, in Erfüllung zu gehen.

ANMERKUNG

Die vorliegende Schrift gibt einen Vortrag wieder, der am 13. April 1950 in der Akademie gehalten wurde. Er erscheint auf Beschluß des Plenums an dieser Stelle.

Die mitgeteilten Akten entstammen dem Archiv der Akademie. Bei ihrer Auffindung haben mir Herr Dr. Amburger und der Archivverwalter Herr Andrée freundlich geholfen.

DIE „VORTRÄGE UND SCHRIFTEN" WENDEN SICH AN DIE WEITEN KREISE DERER, DIE AN WISSENSCHAFTLICHER FORSCHUNGSARBEIT ANTEIL NEHMEN

Die Maßstäbe des Kosmos
Von Prof. Dr. H. Kienle – 30 S. DM 1.50

Genuß und Betäubung durch chemische Mittel
Von Prof. Dr. W. Heubner – 40 S. DM 2.–

Über das Naturrecht
Von Prof. Dr. H. Mitteis – 48 S. DM 2.75

Ranke und Burckhardt
Von Prof. Dr. F. Meinecke – 36 S. DM 2.50

Pflanzenphysiologische Bodenkunde
Von Prof. Dr. E. A. Mitscherlich – 24 S. DM 2.–

Über physikalisch-chemische Modelle von Lebensvorgängen
Von Prof. Dr. K.-F. Bonhoeffer – 20 S. DM 2.–

Die Ausgestaltung der Organismen – ein chemisches Problem
Von Prof. Dr. K. Noack – 38 S. DM 2.50

Die Ertragsgesetze
Von Prof. Dr. E. A. Mitscherlich – 42 S. DM 2.75

Düngungsfragen
Über die genaue Ermittlung der notwendigen Düngungsgaben an Phosphorsäure und Kali und über das Problem der Stickstoffdüngung
Von Prof. Dr. E. A. Mitscherlich – 24 S. DM 1.75

Das Leitmotiv der geotektonischen Erdentwicklung
Von Prof. Dr. H. Stille – 28 S. DM 2.50

Minnesinger und Troubadours
Von Prof. Dr. Th. Frings – 60 S. DM 3.–

Wirkungsquantum und Naturbeschreibung
Von Prof. Dr. F. Hund – 20 S. DM 2.50

Umfang und Bedeutung der germanischen Siedlung in Nordgallien im 5. und 6. Jahrhundert im Spiegel der Sprache und der Ortsnamen
Von Prof. Dr. W. v. Wartburg – 34 S. DM 1.85

Über die Fehler bei Ertragsversuchen
Von Prof. Dr. E. A. Mitscherlich – 26 S. DM 1.65

Die Baukunst in Goethes Werk
Von Prof. Dr. C. Weickert – 28 S. DM 1.50

DIE HEFTE ERSCHEINEN IN ZWANGLOSER FOLGE

FSC
www.fsc.org
MIX
Papier | Fördert
gute Waldnutzung
FSC® C083411

Kolibri 360 GmbH
Ferdinand-Jühlke-Straße 7
99095 Erfurt, Deutschland
produktsicherheit@kolibri360.de